消防安全标准化
图 集

中国航天科工集团有限公司安全保障部◎组编

气象出版社
China Meteorological Press

内容简介

本书是中国航天科工集团有限公司进行消防安全标准化达标建设的重要成果,归纳了建筑消防设施重要标准条款,分为火灾自动报警系统、消防给水及消火栓系统、自动喷水灭火系统、气体灭火系统、建筑防烟排烟系统、消防应急照明和疏散指示系统、灭火器、防火分隔设施八个方面,对照标准主要条款,配上消防设备图片和现场实拍照片,进行了详细解释和说明。本书内容系统全面、图文并茂、深入浅出,适合消防管理人员、技术人员和相关从业人员在工作中阅读参考。

图书在版编目(CIP)数据

消防安全标准化图集 / 中国航天科工集团有限公司
安全保障部组编. -- 北京 : 气象出版社,2024.11.
ISBN 978-7-5029-8352-9

Ⅰ. TU998.1-64

中国国家版本馆 CIP 数据核字第 20248X67L3 号

消防安全标准化图集
Xiaofang Anquan Biaozhunhua Tuji

出版发行:气象出版社

地　　址:北京市海淀区中关村南大街 46 号　　　　邮政编码:100081
电　　话:010-68407112(总编室)　　010-68408042(发行部)
网　　址:http://www.qxcbs.com　　　　E-m a i l:qxcbs@cma.gov.cn
责任编辑:彭淑凡　　　　　　　　　　　　终　　审:张　斌
责任校对:张硕杰　　　　　　　　　　　　责任技编:赵相宁
封面设计:艺点设计
印　　刷:三河市君旺印务有限公司
开　　本:710 mm×1000 mm　1/16　　　　印　　张:6.75
字　　数:90 千字
版　　次:2024 年 11 月第 1 版　　　　　　印　　次:2024 年 11 月第 1 次印刷
定　　价:45.00 元

本书如存在文字不清、漏印以及缺页、倒页、脱页等,请与本社发行部联系调换。

《消防安全标准化图集》

>>>>>>>>>>>>>>>>>> 编 写 组 >>>>>>>>>>>>>>>>>>

中国航天科工集团有限公司：

齐龙涛　贺　娇　李　捷　吴　凯　许逢材

缪　涛　于　亮　李　薇　王　征　刘方亮

任希楠　杜裕鹏　陈　猛　肖　坤　晏宏云

陶迎秋　尤　飞

国家国防科技工业局经济技术发展中心：

王　丹

当前，我国发展已进入战略机遇和风险挑战并存、不确定难预料因素增多的时期，消防安全风险交织叠加，各类火灾事故易发多发，消防安全形势严峻。消防安全不仅关乎每个人的生命安全，还关系到社会稳定和经济发展，重要性不言而喻。

中国航天科工集团有限公司（简称航天科工集团）深刻吸取全国典型火灾事故教训，结合消防安全实际情况，在全系统开展消防安全标准化建设，落实消防安全主体责任，建立并完善消防安全管理体系，扎实推进、夯实基础，确保消防设备设施完备可靠，火灾隐患排查整治到位，人员消防安全意识不断提升。

为便于各级管理和技术人员正确理解、把握标准要求，航天科工集团以公司标准《消防安全标准化评分细则》（Q/QJB 333A—2022）为依据，结合应急管理部、国资委、国防科工局等上级部门相关要求，组织编写了《消防安全标准化图集》。

本图集归纳了《消防安全标准化评分细则》标准中的重要条款，分为火灾自动报警系统、消防给水及消火栓系统、自动喷水灭火系统、气体灭火系统、建筑防烟排烟系统、消防应急照明和疏散指示系统、灭火器、防火分隔设施八个方面，对照标准主要条款进行了详细解释和说明。本书内容系统全面、图文并茂、深入浅出。适合消防管理人员、技术人员和相关人员在工作中阅读学习，为各单位开展消防安全标准化达标建设提供参考。

由于编者水平有限，本书难免存在疏漏之处，恳请读者提出宝贵意见和建议。

CONTENTS 目 录

前言

第1章 火灾自动报警系统

第2章　消防给水及消火栓系统

第 3 章　自动喷水灭火系统

第4章 气体灭火系统

第 5 章　建筑防烟排烟系统

第6章 消防应急照明和疏散指示系统

第7章 灭火器

第8章　防火分隔设施

第 1 章

>>>>>>>>>>>>>>>>>>

火灾自动报警系统

系统简介

火灾自动报警系统是由触发装置、火灾报警装置、联动输出装置以及具有其他辅助功能装置组成的，它具有能在火灾初期，将燃烧产生的烟雾、热量、火焰等物理量，通过火灾探测器转化为电信号，传输到火灾报警控制器，同时以声或光的形式发出报警信号，通知整个楼层疏散。火灾报警控制器记录火灾发生的部位、时间等，使人们能够及时发现火灾，并及时采取有效措施，扑灭初期火灾，最大限度地减少因火灾造成的生命和财产损失。

本部分对应中国航天科工集团有限公司标准《消防安全标准化评分细则》（Q/QJB 333A—2022）（以下简称《标准》）的 3.1 火灾自动报警系统。

1.1　火灾报警系统的组成

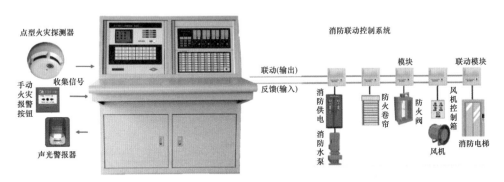

点型火灾探测器

手动火灾报警按钮

收集信号

声光警报器

消防联动控制系统

联动(输出)

反馈(输入)

模块

联动模块

消防供电　消防水泵

防火卷帘

防火阀

风机控制箱

风机

消防电梯

火灾报警控制器组成

1.2　火灾报警系统的工作原理

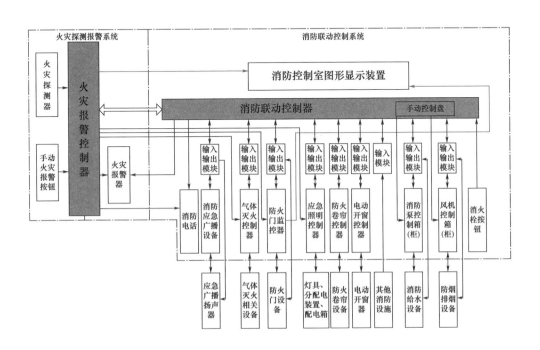

火灾探测报警系统

消防联动控制系统

火灾探测器

火灾报警控制器

手动火灾报警按钮

火灾报警器

消防控制室图形显示装置

消防联动控制器

手动控制盘

输入输出模块

消防电话

消防应急广播设备

气体灭火控制器

防火门监控器

应急照明控制器

防火卷帘控制器

电动开窗控制器

消防泵控制箱(柜)

风机控制箱(柜)

消火栓按钮

应急广播扬声器

气体灭火相关设备

防火门设备

灯具、分配电装置、配电箱

防火卷帘设备

电动开窗器

其他消防设施

消防给水设备

防烟排烟设备

1.3 火灾报警控制器和消防联动控制器

1.3.1 火灾自动报警系统的设置要求

（1）除散装粮食仓库、原煤仓库可不设置火灾自动报警系统外，下列工业建筑或场所应设置火灾自动报警系统：

① 丙类高层厂房；

② 地下、半地下且建筑面积大于 1000 m² 的丙类生产场所；

③ 地下、半地下且建筑面积大于 1000 m² 的丙类仓库；

④ 丙类高层仓库或丙类高架仓库。

（2）下列民用建筑或场所应设置火灾自动报警系统：

① 商店建筑、展览建筑、财贸金融建筑、客运和货运建筑等类似用途的建筑；

② 旅馆建筑；

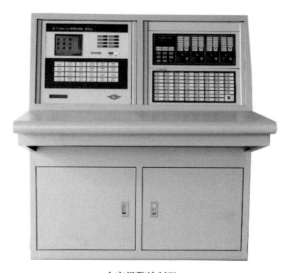

火灾报警控制器

③ 建筑高度大于 100 m 的住宅建筑；

④ 图书或文物的珍藏库，每座藏书超过 50 万册的图书馆，重要的档案馆；

⑤ 特等、甲等剧场，座位数超过 1500 个的其他等级的剧场或电影院，座位数超过 2000 个的会堂或礼堂，座位数超过 3000 个的体育馆；

⑥ 疗养院的病房楼，床位数不少于 100 张的医院的门诊楼、病房楼、手术部等；

⑦ 托儿所、幼儿园，老年人照料设施，任一层建筑面积大于 500 m^2 或总建筑面积大于 1000 m^2 的其他儿童活动场所；

⑧ 歌舞娱乐放映游艺场所；

⑨ 其他二类高层公共建筑内建筑面积大于 50 m^2 的可燃物品库房和建筑面积大于 500 m^2 的商店营业厅，以及其他一类高层公共建筑。

对应《标准》条款： 3.1.1。

1.3.2　控制器的主电源

火灾报警控制器和消防联动控制器的主电源应有明显的永久性标识。

对应《标准》条款： 3.1.2.2。

1.3.3 控制器的接地

火灾报警控制器和消防联动控制器的接地应牢固，并有明显的永久性标志。

对应《标准》条款：3.1.2.2。

1.4 火灾探测器

1.4.1 火灾探测器的分类

点型感温火灾探测器

火灾探测器

红外光束感烟探测器

点型感烟火灾探测器

吸气式感烟火灾探测器

气体火灾探测器

1.4.2　点型感烟、感温火灾探测器

点型感烟火灾探测器

点型感温火灾探测器

1.4.2.1　点型火灾探测器的安装要求

（1）设置点型火灾探测器的探测区域，每个房间应至少设置 1 只火灾探测器。

（2）点型火灾探测器至墙壁、梁边的水平距离，不应小于 0.5 m；点型火灾探测器周围 0.5 m 内，不应有遮挡物；点型火灾探测器至空调送风口边的水平距离不应小于 1.5 m，并宜接近回风口安装；探测器至多孔送风顶棚孔口的水平距离不应小于 0.5 m。

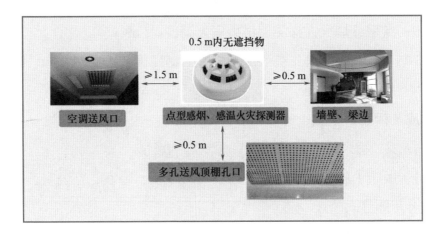

（3）所有火灾探测器外观应完好、无破损、无故障等。

（4）点型感温火灾探测器安装间距 ≤ 10 m。

（5）点型感烟火灾探测器安装间距≤ 15 m。

（6）探测器与端墙距离≤安装间距的 1/2。

（7）镂空≤ 15% 时，探测器应设置在吊顶下方；镂空＞ 30% 时，探测器应设置在吊顶上方。

（8）房间被书架、设备或隔断等分隔，其顶部至顶棚或梁的距离小于房间净高的 5% 时，每个被隔开的部分应至少安装 1 只点型探测器。

（9）点型感烟火灾探测器最大安装高度 12 m。

（10）点型感温火灾探测器最大安装高度：A 类为 8 m、B 类为 6 m、C 类及以后为 4 m。

对应《标准》条款：3.1.3.1。

1.4.2.2 宜选择点型感烟火灾探测器的场所

（1）饭店、旅馆、教学楼、办公楼的厅堂、卧室、办公室、商场、列车载客车厢等。

（2）计算机房、通信机房、电影或电视放映室等。

（3）楼梯、走道、电梯机房、车库等。

（4）书库、档案库等。

旅馆

办公室

车库

档案库

图书馆

走道

1.4.2.3　宜选择点型感温火灾探测器的场所

（1）相对湿度经常大于 95%。

（2）可能发生无烟火灾。

（3）有大量粉尘。

（4）吸烟室等在正常情况下有烟或蒸气滞留的场所。

（5）厨房、锅炉房、发电机房、烘干车间等不宜安装感烟火灾探测器的场所。

（6）需要联动熄灭"安全出口"标志灯的安全出口内侧。

（7）其他无人滞留且不适合安装感烟火灾探测器，但发生火灾时需要及时报警的场所。

发电机房

锅炉房

1.4.3 红外光束感烟火灾探测器

（1）光束轴线至顶棚的垂直距离宜为 0.3~1.0 m，距地高度 ≤ 20 m。

（2）相邻两组探测器的水平距离 ≤ 14 m，至侧墙水平距离为 0.5~7 m，探测器的发射器和接收器之间的距离 ≤ 100 m。

（3）高度大于 12 m 的空间场所：建筑高度不超过 16 m 时，宜分两层在 6~7 m 增设一层探测器，建筑高度超过 16 m 但不超过 26 m 时，宜分三层在 6~7 m 和 11~12 m 处各增设一层探测器。

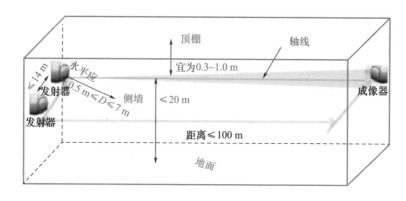

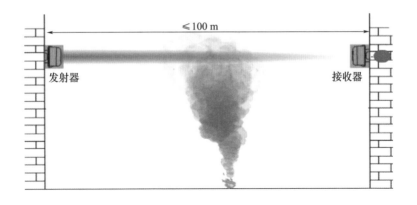

1.4.4　吸气式感烟火灾探测器

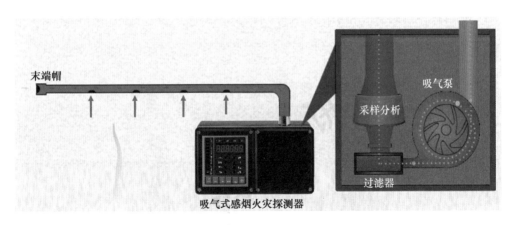

吸气式感烟火灾探测器

（1）一个探测单元的采样管总长不宜超过 200 m，单管长度不宜超过 100 m，同一根采样管不应穿越防火分区。采样孔总数不宜超过 100 个，单管上的采样孔数量不宜超过 25 个。

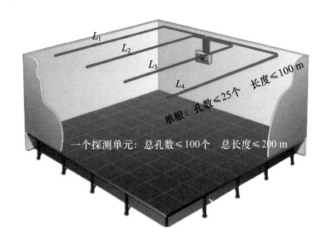

（2）当采样管道采用毛细管布置方式时，毛细管长度不宜超过4 m，孔径为2~5 mm。

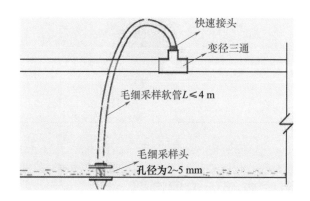

（3）当采样管道布置形式为垂直采样时，每2 ℃温差间距或3 m间隔（取最小者）应设置一个采样孔，采样孔不应背对气流方向。

注：污物较多且必须安装感烟火灾探测器的场所，应选择间断吸气的点型采样吸气式感烟火灾探测器或具有过滤网和管路自清洗功能的管路采样吸气式感烟火灾探测器。

1.5　手动火灾报警按钮

1.5.1　手动火灾报警按钮的设置

每个防火分区应至少设置一只手动火灾报警按钮。从一个防火分区内的任何位置到最邻近的手动火灾报警按钮的步行距离不应大于 30 m。手动火灾报警按钮宜设置在疏散通道或出入口处。

对应《标准》条款： 3.1.4.1。

1.5.2　壁挂式手动火灾报警按钮的设置

手动火灾报警按钮应设置在明显和便于操作的部位。当采用壁挂方式安装时，其底边距地高度宜为 1.3~1.5 m，且应有明显的标志。

对应《标准》条款： 3.1.4.1。

1.6　火灾警报器

1.6.1　火灾警报器分类

火灾光警报器

火灾声警报器

火灾声光警报器

1.6.2　火灾警报器设置要求

（1）每个报警区域内应均匀设置火灾警报器，其声压级应符合要求。

（2）火灾光警报器应设置在每个楼层的楼梯口、消防电梯前室、建筑内部拐角等处的明显部位。

（3）当火灾警报器采用壁挂方式安装时，其底边距地面高度应大于2.2 m。

对应《标准》条款：3.1.5.1。

高度＞2.2 m

1.7　消防应急广播

消防应急广播的设置要求：

消防应急广播的扬声器应设置在走道和大厅等公共场所，其额定功率应符合要求；其数量应能保证从一个防火分区内的任何部位到最近一个扬声器的直线距离不大于 25 m，走道末端距最近的扬声器距离不应大于 12.5 m；壁挂扬声器的底边距地面高度应大于 2.2 m。

对应《标准》条款：3.1.6.2。

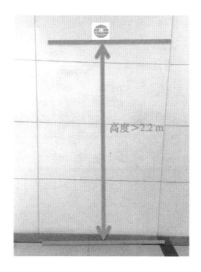

1.8 消防专用电话

消防专用电话的设置要求：

相关部位应设置消防专用电话分机。消防专用电话分机应固定安装在明显且便于使用的部位，并有区别于普通电话的标识。

下列部位应设置消防专用电话分机：消防水泵房、发电机房、配变电室、计算机网络机房、主要通风和空调机房、防排烟机房、灭火控制系统操作装置处或控制室、企业消防站、消防值班室、总调度室、消防电梯机房及其他与消防联动控制有关的且经常有人值班的机房等。

对应《标准》条款：3.1.7.2。

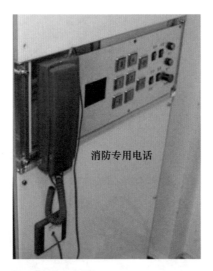

1.9　模块

模块设置要求如下：

（1）模块严禁设置在配电柜、控制箱内。

（2）本报警区域的模块不应控制其他报警区域的设备；未集中设置模块附近应有尺寸不小于 100 mm×100 mm 的标识。

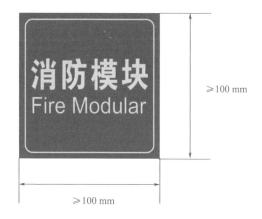

（3）模块（或金属箱）应独立支撑或固定，安装牢固，并应采用防潮、防腐蚀等措施。

（4）所有模块外观应完好、无破损、无故障等，且输入、输出反馈正常。

对应《标准》条款： 3.1.8.2。

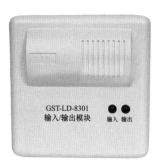

第 2 章

消防给水及消火栓系统

系统简介

⟫⟫⟫⟫⟫⟫⟫⟫⟫⟫⟫⟫⟫⟫⟫⟫⟫⟫⟫⟫⟫⟫⟫⟫⟫⟫⟫⟫⟫⟫⟫⟫⟫⟫

　　消防给水设施包括消防水源（消防水池）、消防水泵、消防供水管道、增稳压设备（消防气压罐）、消防水泵接合器和消防水箱等。

　　本部分对应中国航天科工集团有限公司标准《消防安全标准化评分细则》（Q/QJB 333A—2022）的3.2消防给水及消火栓系统。

2.1 消防水泵房消防给水系统图

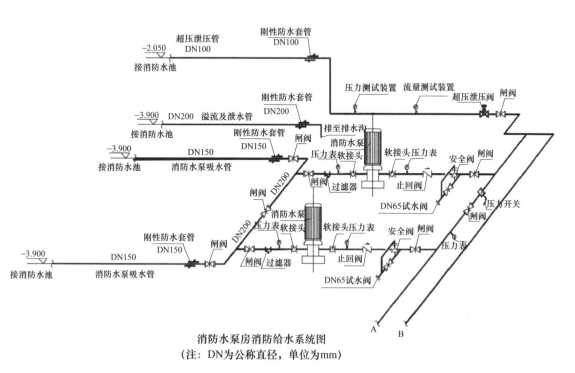

消防水泵房消防给水系统图
（注：DN 为公称直径，单位为mm）

2.2 消防水池

2.2.1 水位显示装置设置要求

（1）应设置明显的最低和最高水位标识，并设置就地水位显示装置，并应在消防控制中心或值班室等地点设置显示消防水池水位的装置，同时应有最高和最低水位报警。

对应《标准》条款：3.2.1.3。

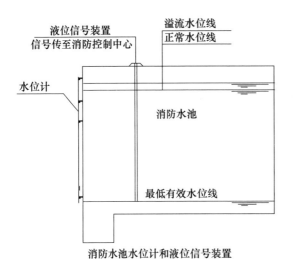

消防水池水位计和液位信号装置

（2）玻璃水位计两端的角阀在不进行水位观察时应关闭。

对应《标准》条款：3.2.1.3。

玻璃水位计

（3）在消防控制中心或值班室等核查消防水池水位显示装置，以及最高和最低水位报警。

对应《标准》条款：<u>3.2.1.3</u>。

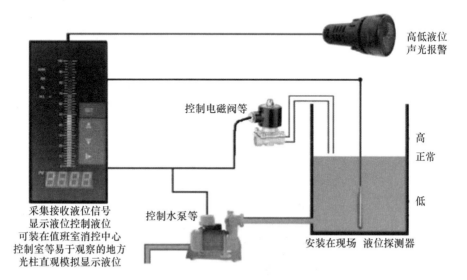

2.2.2 其他要求

（1）应采取自动补水措施、设置溢流水管和排水设施，并应采用间接排水。

（2）通气管、溢流管应有防止昆虫及小动物爬入水池的措施。

对应《标准》条款：3.2.1.4。

防虫网

防虫网

2.3 消防水泵

2.3.1 消防水泵结构图

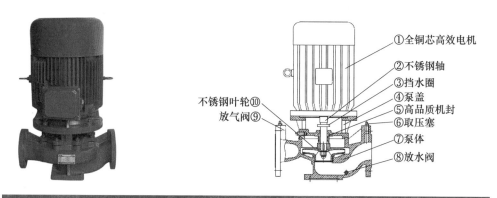

①全铜芯高效电机
②不锈钢轴
③挡水圈
④泵盖
⑤高品质机封
⑥取压塞
⑦泵体
⑧放水阀
不锈钢叶轮⑩
放气阀⑨

型号意义：

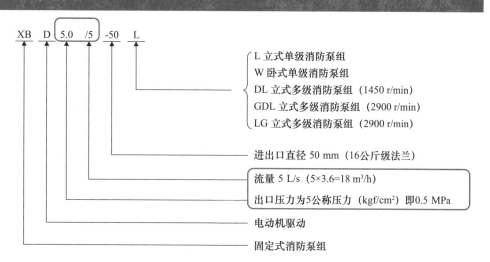

XB D 5.0 /5 -50 L

L 立式单级消防泵组
W 卧式单级消防泵组
DL 立式多级消防泵组（1450 r/min）
GDL 立式多级消防泵组（2900 r/min）
LG 立式多级消防泵组（2900 r/min）

进出口直径 50 mm（16公斤级法兰）

流量 5 L/s（5×3.6=18 m³/h）

出口压力为5公称压力（kgf/cm²）即0.5 MPa

电动机驱动

固定式消防泵组

消防水泵是通过叶轮的旋转将能量传递给水，从而增加水的动能和压力能，并将其输送到灭火设备处，以满足各种灭火设备的水量和水压，它是消防给水系统的心脏。目前，消防给水系统中使用的水泵多为离心泵，因为离心泵具有适用范围广、型号多、供水连续、可随意调节流量等优点。离心泵是指靠叶轮旋转时产生的离心力来输送液体的泵。

2.3.2 消防水泵吸水管相关要求

（1）控制阀应为明杆闸阀或带自锁装置的蝶阀，当设置暗杆闸阀时应设有开启刻度和标志。

对应《标准》条款：3.2.2.6。

（2）如果吸水管设置管道过滤器，安装方向和方式应正确。

对应《标准》条款：3.2.2.6。

（3）变径连接时，应采用偏心异径管件并采用管顶平接。

对应《标准》条款：3.2.2.6。

（4）消防水泵吸水管压力表最大量程不应低于 0.7 MPa，压力表的直径不应小于 100 mm，应采用不小于 6 mm 的管道与消防水泵吸水管相接，并应设置关断阀门。

对应《标准》条款： 3.2.2.6。

（5）消防水泵出水管压力表最大量程不应低于 1.6 MPa。压力表的直径不应小于 100 mm，应采用不小于 6 mm 的管道与消防水泵出水管相接，并应设置关断阀门。

对应《标准》条款： 3.2.2.7。

（6）止回阀的安装方向应与水流方向一致。

对应《标准》条款： 3.2.2.7。

（7）消防水泵应由消防水泵出水干管上设置的压力开关、高位消防水箱出水管上的流量开关或报警阀压力开关等开关信号直接自动启动消防水泵。

对应《标准》条款：3.2.2.9。

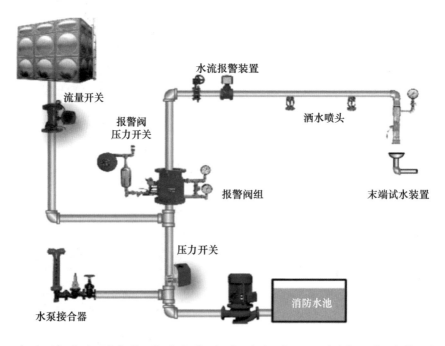

（8）消防水泵应能手动启停和自动启动，不应设置自动停泵的控制装置。

对应《标准》条款：3.2.2.10。

（9）消防水泵应设置就地强制启停泵按钮，并应有保护装置。

对应《标准》条款：3.2.2.11。

（10）消防水泵控制柜应设置机械应急启泵功能。

对应《标准》条款：3.2.2.13。

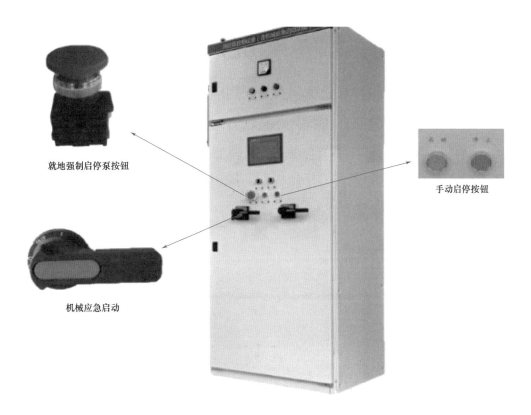

就地强制启停泵按钮

手动启停按钮

机械应急启动

2.4 高位消防水箱

2.4.1 高位消防水箱示意图和原理图

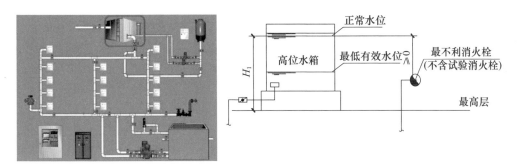

2.4.2 溢流管设置要求

应设置溢流管和排水设施，并应采用间接排水。溢流管的直径不应小于进水管直径的2倍，且不应小于 DN100（即公称直径 100 mm）。

进水管应在溢流水位以上接入，进水管口的最低点高出溢流边缘的高度应等于进水管管径，应不小于 100 mm 且不大于 150 mm。

对应《标准》条款：3.2.3.5。

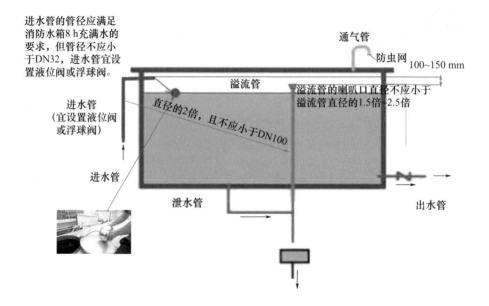

进水管的管径应满足消防水箱8 h充满水的要求，但管径不应小于DN32，进水管宜设置液位阀或浮球阀。

通气管

防虫网 100~150 mm

溢流管

溢流管的喇叭口直径不应小于溢流管直径的1.5倍~2.5倍

进水管（宜设置液位阀或浮球阀）

直径的2倍，且不应小于DN100

进水管

泄水管

出水管

2.5 增稳压设施

2.5.1 稳压泵控制阀的锁定

稳压泵吸水管和出水管上的控制阀应锁定在常开位置。

对应《标准》条款：3.2.4.2。

2.5.2　稳压泵水管应设置的阀门

稳压泵吸水管应设置明杆闸阀，稳压泵出水管应设置消声止回阀和明杆闸阀。

对应《标准》条款： 3.2.4.5。

常开状态　　电接点压力表

消声止回阀

常开状态　　明杆闸阀

2.5.3　气压水罐相关要求

（1）气压水罐外观应完整无损、无修饰。

（2）罐上安装安全阀、压力表、泄水管。

（3）出水管应设止回阀，且安装正确。

（4）所有组件无漏水、锈蚀等缺陷。

（5）寒冷地区应有防冻措施。

对应《标准》条款： 3.2.4.7。

2.6 消防水泵接合器

2.6.1 消防水泵接合器的阀门要求

消防水泵接合器的止回阀、安全阀、泄水阀、控制阀等部件齐全，接口完好、无渗漏、闷盖齐全。

对应《标准》条款：3.2.5.2。

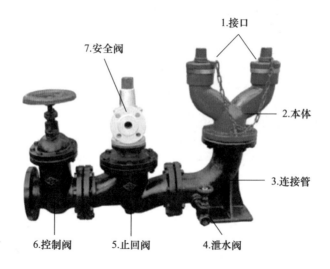

2.6.2 水泵接合器标志铭牌设置要求

（1）应注名供水系统、供水范围和额定压力。

（2）当有分区时应有分区标识。

（3）地下消防水泵接合器应采用铸有"消防水泵接合器"标志的铸铁井盖，并应在其附近设置指示其位置的永久性固定标志。

对应《标准》条款：3.2.5.3。

2.6.3　消防水泵接合器设置要求

（1）墙壁消防水泵接合器的安装高度距地面宜为 0.7 m，与墙面上的门、窗、洞口的净距离不应小于 2.0 m，且不应安装在玻璃幕墙下。

（2）地下消防水泵接合器的安装，应使进水口正对井口，且与井盖地面的距离不大于 0.4 m，且不应小于井盖的半径。

对应《标准》条款：3.2.5.4。

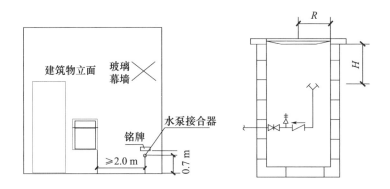

2.7　室内消火栓

2.7.1　室内消火栓系统示意图

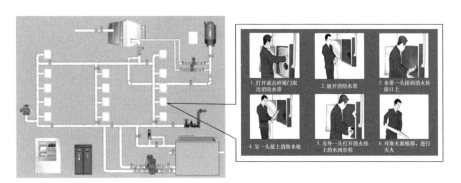

2.7.2 消火栓箱门

消火栓箱门应有"消火栓"字样，箱体安装平正、牢固，暗装的消火栓箱不应破坏隔墙的耐火性能，箱门开启灵活、无卡阻。

对应《标准》条款：3.2.6.4。

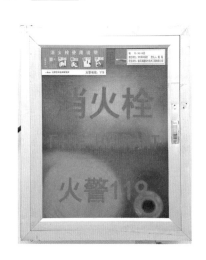

2.7.3 箱门开启角度

箱门开启角度不应小于 120°。

对应《标准》条款：3.2.6.4。

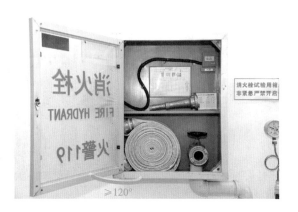

2.7.4　消火栓箱及装配部件

消火栓箱及箱内装配的部件齐全、外观完好、功能正常。

（1）箱内保持清洁、干燥，无锈蚀、碰伤或其他损坏。

（2）水枪、水带、软管卷盘和轻便水龙及配件齐全、完好，卷盘转动灵活，水带盘卷正确等。

（3）闸阀无渗漏水。

（4）消火栓按钮、指示灯及控制线路，功能正常，无故障。

对应《标准》条款： <u>3.2.6.5</u>。

2.7.5　消火栓栓口

消火栓栓口出水方向宜向下或与设置消火栓的墙面成 90°，栓口不应安装在门轴侧。

对应《标准》条款： 3.2.6.7。

2.7.6　带有压力表的试验消火栓相关要求

（1）多层或高层建筑应在其屋顶设置，严寒冬季结冰地区可设置在顶层出口处或水箱间等便于操作和防冻的位置。

（2）单层建筑宜设置在水力最不利处，应靠近出入口。

对应《标准》条款： 3.2.6.10。

2.8　室外消火栓

室外消火栓

2.8.1　室外消火栓的尺寸要求

（1）室外地上式消火栓应有一个直径为 150 mm 或 100 mm 和两个直径为 65 mm 的栓口。

（2）室外地下式消火栓应有直径为 100 mm 和 65 mm 的栓口各一个。

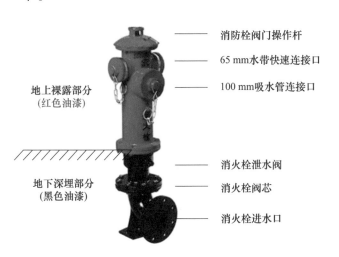

地上裸露部分
（红色油漆）

地下深埋部分
（黑色油漆）

消防栓阀门操作杆

65 mm 水带快速连接口

100 mm 吸水管连接口

消火栓泄水阀

消火栓阀芯

消火栓进水口

2.8.2 室外消火栓的安装位置

室外消火栓的安装位置不应妨碍交通，在易碰撞的地点应设置防撞措施。

对应《标准》条款：3.2.7。

2.8.3 地上式室外消火栓的间距要求

（1）地上式室外消火栓距路边不宜小于 0.5 m，并不应大于 2.0 m。

（2）地上式室外消火栓距建筑外墙或外墙边缘不宜小于 5.0 m。

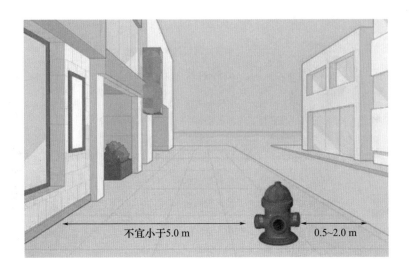

不宜小于5.0 m　　　0.5~2.0 m

>>>>> >>>> >>>> >>>> >>>>>

第 3 章

自动喷水灭火系统

系统简介

　　自动喷水灭火系统是由洒水喷头、报警阀组、水流报警装置（水流指示器或压力开关）等组件以及管道、供水设施组成，并能在发生火灾时喷水的自动灭火系统。

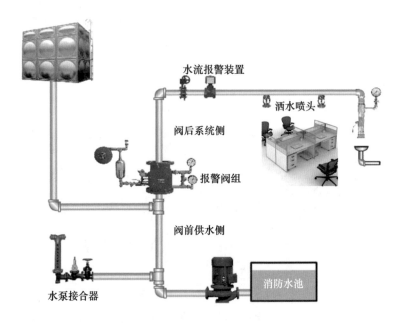

3.1　喷头

3.1.1　喷头分类

| 下垂型洒水喷头 | 直立型洒水喷头 | 边墙型洒水喷头 | 普通型洒水喷头 | 吊顶型平齐式喷头 |

吊顶型隐蔽式喷头　　　　　　　　带防护罩喷头　　　　标准覆盖型和扩大覆盖型喷头

3.1.2　常见喷头颜色与温度对应

橙色57 ℃　　　　　红色68 ℃　　　　　黄色79 ℃　　　　　绿色93 ℃

3.1.3　喷头通用要求

喷头应按《自动喷水灭火系统设计规范》（GB 50084—2017）设置，型号正确，布置正确，安装方式正确，外观完好，无破损、变形、遮挡、异物、渗漏、锈蚀等现象。

对应《标准》条款：3.3.2.1。

3.2　报警阀组

3.2.1　报警阀组分类

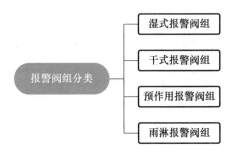

3.2.2　湿式报警阀组

湿式报警阀组应包括以下主要部件且安装正确：进水控制阀、报警管路控制阀、过滤器、延迟器、节流孔、压力开关、水力警铃、供水侧压力表、系统侧压力表、报警试验管路控制阀、排水阀等。

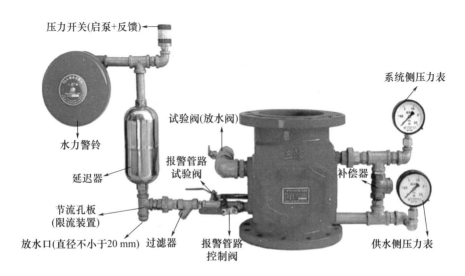

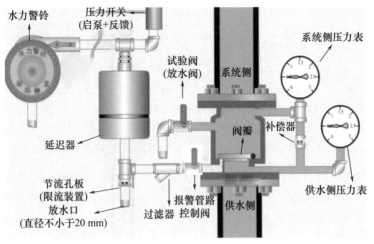

3.2.3 干式报警阀组

干式报警阀组应包括以下主要组件且安装正确：进水控制阀、报警管路控制阀、过滤器、低压压力开关、水力警铃、供水侧压力表、系统侧压力表、报警试验管路控制阀、主排水阀、排水阀、注水阀、液路止回阀、气源、供气控制阀、气路止回阀、安全阀、防复位装置等。

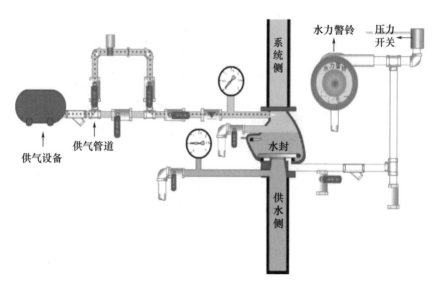

3.2.4　预作用报警阀组

预作用报警阀组应包括以下组件且安装
正确: 进水控制阀、报警管路控制阀、过滤器、
压力开关、水力警铃、供水侧压力表、系统
侧压力表、控制腔压力表、报警试验管路控
制阀、主排水阀、补水阀、止回阀、安全阀、
防复位装置、启动电磁阀、紧急启动阀等。

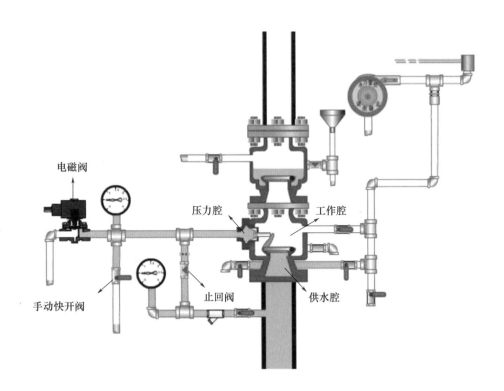

3.2.5　雨淋报警阀组

雨淋报警阀组应包括以下组件且安装正确：进水控制阀、报警管路控制阀、过滤器、压力开关、水力警铃、供水侧压力表、控制腔压力表、报警试验管路控制阀、主排水阀、补水阀、止回阀、安全阀、防复位装置、启动电磁阀、紧急启动阀等。

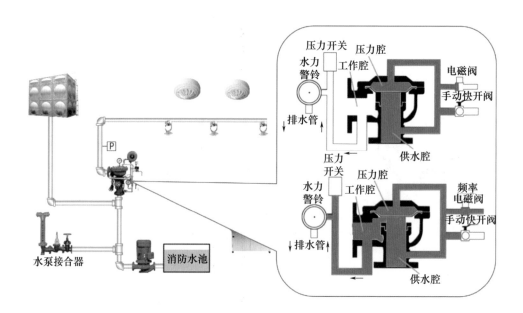

3.2.6　报警阀组状态

报警阀组应处于伺应状态。

（1）阀前和阀后的控制阀、报警管路控制阀均应处于完全开启状态，锁定在常开位置。

（2）试铃阀、试验阀应处于关闭状态。

对应《标准》条款：3.3.3.1。

3.2.7 报警阀组标识

报警阀组应注明系统名称、保护区域的标识牌。

对应《标准》条款：3.3.3.3。

3.2.8 报警阀组排水设施

报警阀组的部位应设有排水设施。

对应《标准》条款：3.3.3.4。

3.2.9　报警阀进出口的控制阀

连接报警阀进出口的控制阀应为信号阀。

当不采用信号阀时，控制阀应设锁定阀位的锁具。

对应《标准》条款：3.3.3.5。

3.2.10　水力警铃设置

水力警铃应设置在有人值班的地点附近或公共通道的外墙上。

对应《标准》条款：3.3.3.6。

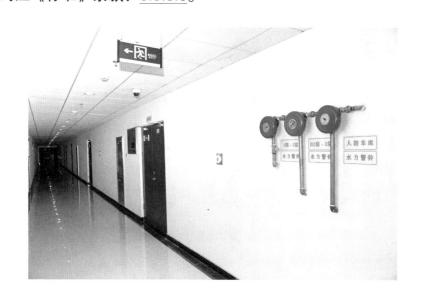

3.3 水流指示器

3.3.1 水流指示器标识

水流指示器应有明显标识。

对应《标准》条款： 3.3.5.2。

3.3.2 水流指示器及控制阀要求

水流指示器及控制阀应外观完好，无破损、泄漏、锈蚀现象。

对应《标准》条款： 3.3.5.3。

3.3.3 水流指示器控制阀的设置

当水流指示器入口前设置控制阀时，应采用信号阀，并能正常反馈信号，信号阀与水流指示器的距离应大于 300 mm。

对应《标准》条款： 3.3.5.4。

水流指示器

3.3.4　末端试水装置和试水阀

末端试水装置和试水阀应外观完好、部件齐全、功能正常，且有明显标识。

对应《标准》条款：3.3.6.2。

3.3.5　末端试水装置出水方式

末端试水装置应采取孔口出流的方式出水。

对应《标准》条款：3.3.6.4。

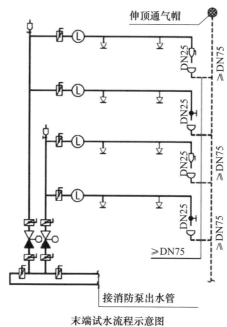

末端试水流程示意图
（单位：mm）

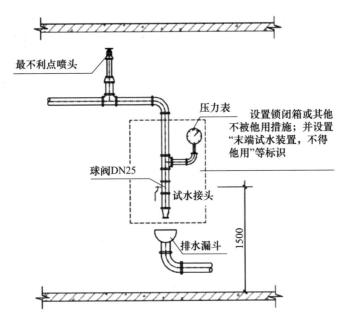

最不利点喷头

压力表

设置锁闭箱或其他
不被他用措施；并设置
"末端试水装置，不得
他用"等标识

球阀DN25

试水接头

排水漏斗

1500

末端试水装置安装示意图
(单位：mm)

第 4 章

气体灭火系统

系统简介

（1）气体灭火系统主要用在不适于设置水灭火系统等其他灭火系统的环境中，比如计算机机房、重要的图书馆档案馆、移动通信基站（房）、UPS（不间断电源）室、电池室、一般的柴油发电机房等。

（2）气体灭火系统是指平时灭火剂以液体、液化气体或气体状态储存于压力容器内，灭火时以气体（包括蒸气、气雾）状态喷射作为灭火介质的灭火系统。

（3）按使用的灭火剂分类，常见的有二氧化碳灭火系统、七氟丙烷灭火系统、惰性气体灭火系统。

（4）按系统结构特点分类，可分为预制灭火系统和管网灭火系统。

4.1　气体灭火系统示意图

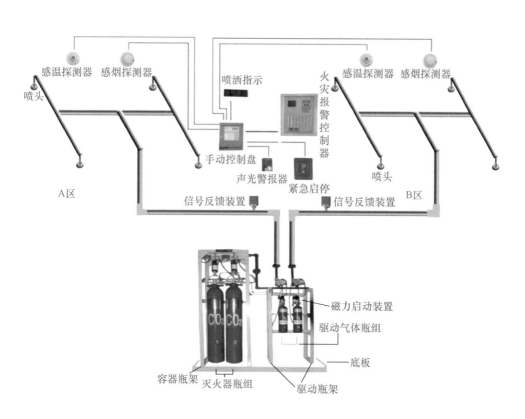

感温探测器　感烟探测器

喷头

喷洒指示

火灾报警控制器

感温探测器　感烟探测器

手动控制盘

A区

声光警报器　　紧急启停

喷头

信号反馈装置　　　信号反馈装置

B区

磁力启动装置

驱动气体瓶组

底板

容器瓶架　灭火器瓶组　　驱动瓶架

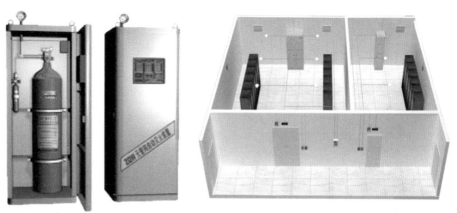

预制灭火系统

管网灭火系统

 4.2 气体灭火系统通用要求

4.2.1 气体灭火系统电池阀

气体灭火系统应处于伺应状态。电磁阀未安装或未连线、安装调试用安全销未拔等情况不应存在。

对应《标准》条款：3.4.1.1。

4.2.2　防护区入口标识

防护区入口处应设火灾声、光报警器和灭火剂喷放指示灯以及相应灭火系统的永久性标志牌，且外观完好，功能正常。

对应《标准》条款： 3.4.1.2。

4.2.3　灭火系统防止误操作

灭火系统的手动与应急操作应有防止误操作的警示显示与措施。

对应《标准》条款： 3.4.1.7。

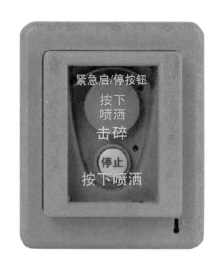

4.2.4　气体灭火系统的组件

气体灭火系统的各组件应满足国家标准《气体灭火系统设计规范》（GB 50370—2005）、《气体灭火系统施工及验收规范》（GB 50263—2007）的要求，安装牢固。

对应《标准》条款： 3.4.1.8。

4.2.5　储存装置

储存装置上应设耐久的固定铭牌，并应标明每个容器的编号、溶剂、皮重、灭火剂名称、充装量、充装日期和充装压力等。

对应《标准》条款： 3.4.1.9。

4.3　管网灭火系统

4.3.1　管网灭火系统启动设置

管网灭火系统应设自动控制、手动控制和机械应急操作三种启动方式，且设置位置正确。

（1）手动控制装置和手动与自动转换装置应设在防护区疏散出口的门外便于操作的地方。

（2）机械应急操作装置应设在储瓶间内或防护区疏散出口门外便于操作的地方。

对应《标准》条款：3.4.2.1。

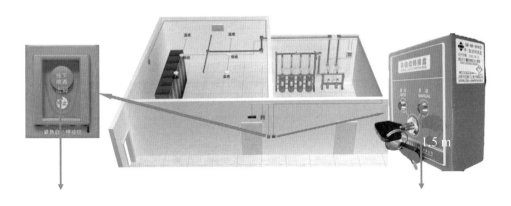

1.5 m

4.3.2　管网灭火系统的主要部件

管网灭火系统应包括以下主要部件且安装正确：灭火剂瓶组、驱动气体瓶组、驱动装置（电磁阀）、低泄高封阀、容器阀（瓶头阀）、选择阀、气体单向阀、液体单向阀、高压软管、集流管、安全阀（三种）、压力反馈装置（压力开关）、管道、喷嘴等。外观完好，无破损、锈蚀等现象。

对应《标准》条款：<u>3.4.2.3</u>。

4.3.3 驱动气瓶标识

驱动气瓶上应有表明驱动介质名称、对应防护区或保护对象名称的永久性标志，并应便于观察。

对应《标准》条款：<u>3.4.2.5</u>。

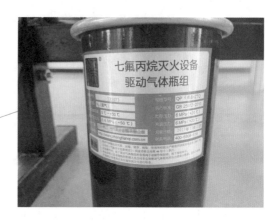

4.3.4 选择阀标识

选择阀应设置标明其工作防护区或保护对象的永久性铭牌，并应便于观察。

对应《标准》条款：3.4.2.5。

4.3.5 机械应急启动装置

机械应急启动装置保险销齐全、铅封完好。

对应《标准》条款：3.4.2.6。

4.4 预制灭火系统

预制灭火系统应设自动控制、手动控制两种启动方式，且设置位置正确。

对应《标准》条款：3.4.3.1。

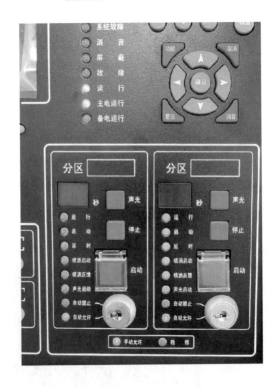

第 5 章

建筑防烟排烟系统

系统简介

（1）防烟系统：通过采用自然通风方式，防止火灾烟气在楼梯间、前室、避难层（间）等空间内积聚，或通过采用机械加压送风方式阻止火灾烟气侵入楼梯间、前室、避难层（间）等空间的系统。

（2）排烟系统：将房间、走道等空间的火灾烟气排至建筑物外的系统，分为自然排烟系统和机械排烟系统。

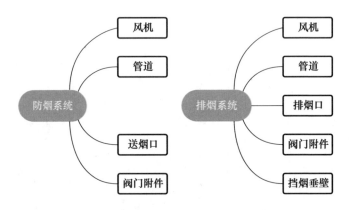

5.1　机械加压送风设施

5.1.1　机械加压送风系统楼梯间设置

设置机械加压送风系统的场所，楼梯间应设置常开送风口。

对应《标准》条款：3.6.1.4。

5.1.2　机械加压送风系统前室设置

设置机械加压送风系统的场所，前室应设置常闭送风口，并应能自动开启和手动开启。

对应《标准》条款：3.6.1.5。

5.2 机械排烟设施

5.2.1 排烟口或排烟阀设置

排烟口或排烟阀应常闭，并能自动开启和手动开启。

对应《标准》条款： 3.6.2.5。

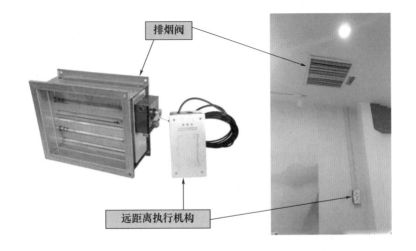

5.2.2 排烟口距离

排烟口距可燃物或可燃构件的距离不应小于 1.5 m。

对应《标准》条款： 3.6.2.6。

5.2.3　排烟风机控制柜组件

排烟风机控制柜组件应齐全、完好，符合安全要求。

对应《标准》条款：3.6.2.9。

5.2.4　防烟、排烟系统标识

防烟、排烟系统中的送风口、排风口、排烟防火阀、送风风机、排烟风机、固定窗等应设置明显永久标识。

对应《标准》条款：3.6.2.10。

第 6 章

消防应急照明和疏散指示系统

系统简介

›››››››››››››››››››››››››››››››››››››

　　消防应急灯具是为人员疏散、消防作业提供照明和标志的各类灯具，包括消防应急照明灯具、消防应急标志灯具以及消防应急照明标志复合灯具等。

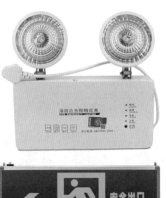

6.1　系统分类与组成

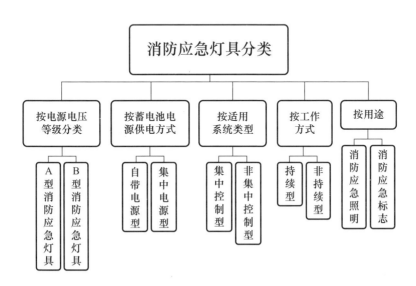

消防应急照明和疏散指示系统按灯具控制方式的不同，分为集中控制型系统和非集中控制型系统两类。

6.1.1　集中控制型系统

（1）灯具采用集中电源供电方式的集中控制型系统

灯具的蓄电池电源采用应急照明集中电源供电方式的集中控制型系统，由应急照明控制器、应急照明集中电源、集中电源集中控制型消防应急灯具及相关附件组成。

（2）灯具采用自带蓄电池供电方式的集中控制型系统

灯具的蓄电池电源采用自带蓄电池供电方式的集中控制型系统，由应急照明控制器、应急照明配电箱、自带电源集中控制型消防应急灯具及相关附件组成。

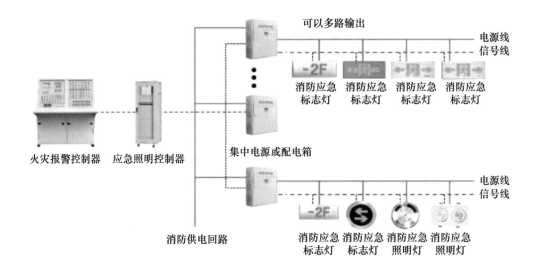

6.1.2 非集中控制型系统

非集中控制型系统未设置应急照明控制器，由应急照明集中电源或应急照明配电箱分别控制其配接消防应急灯具的工作状态。根据蓄电池电源供电方式的不同，非集中控制型系统分为灯具采用集中电源供电方式的非集中控制型系统和灯具采用自带蓄电池供电方式的非集中控制型系统两类。

（1）灯具采用集中电源供电方式的非集中控制型系统

灯具的蓄电池电源采用应急照明集中电源供电方式的非集中控制型系统，由应急照明集中电源、集中电源非集中控制型消防应急灯具及相关附件组成。

（2）灯具采用自带蓄电池供电方式的非集中控制型系统

灯具的蓄电池电源采用自带蓄电池供电方式的非集中控制型系统，由应急照明配电箱、自带电源非集中控制型消防应急灯具及相关附件组成。

6.2　疏散指示标志

6.2.1　灯光疏散指示标志设置场所

公共建筑、高层厂房（库房）和甲、乙、丙类单、多层厂房，应设置灯光疏散指示标志。

6.2.2　灯光疏散指示标志设置位置

应设置在有维护结构的疏散走道、楼梯两侧距地面、梯面高度 1 m 以下的墙面、柱面上。

对应《标准》条款：3.7.3.3。

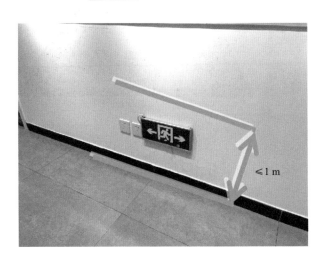

6.2.3　标志灯设置

当安全出口或疏散门在疏散走道侧边时，应在疏散走道上方增设指向安全出口或疏散门的方向标志灯。

对应《标准》条款：3.7.3.3。

 6.3 楼层指示标识

楼梯间每层应设置指示该楼层的标识。

对应《标准》条款：3.7.3.4。

6.4　其他要求

地面上设置的标志灯的面板可采用 4 mm 及以上的钢化玻璃；应采用集中电源型灯具，防护等级为 IP67。

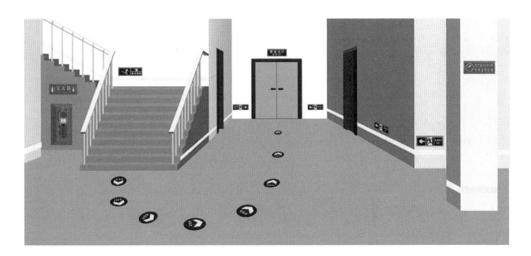

灭火器

▶▶ 7.1　灭火器的分类

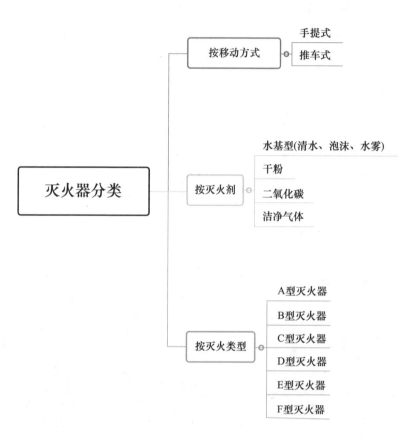

```
                                                        手提式
                                  按移动方式
                                                        推车式


                                                        水基型(清水、泡沫、水雾)
                                                        干粉
   灭火器分类                      按灭火剂
                                                        二氧化碳
                                                        洁净气体


                                                        A型灭火器
                                                        B型灭火器
                                  按灭火类型                C型灭火器
                                                        D型灭火器
                                                        E型灭火器
                                                        F型灭火器
```

7.1.1　按移动方式分类

(1)手提式灭火器

(2)推车式灭火器

7.1.2　按灭火剂分类

(1)水基型灭火器　　　(2)干粉灭火器　　　(3)二氧化碳灭火器　　　(4)洁净气体灭火器

灭火器应每年至少进行一次维修检测，并在报废期限内。

不同类型灭火器报废期限如下。

（1）水基型灭火器：6 年。

（2）干粉灭火器、洁净气体灭火器：10 年。

（3）二氧化碳灭火器：12 年。

7.1.3　按灭火类型分类

A 型灭火器：用于扑灭固体物质火灾（A 类）的灭火器。

B 型灭火器：用于扑灭液体火灾或可熔化固体物质火灾（B 类）的灭火器。

C 型灭火器：用于扑灭气体火灾（C 类）的灭火器。

D 型灭火器：用于扑灭金属火灾（D 类）的灭火器。

E 型灭火器：用于扑灭物体带电燃烧的火灾（带电火灾，E 类）的灭火器。

F 型灭火器：用于扑灭烹饪器具内的烹饪物（如动植物油脂）火灾（F 类）的灭火器。

7.2　灭火器的结构图

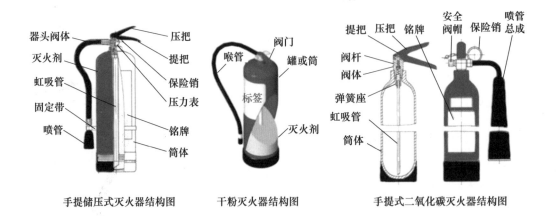

手提储压式灭火器结构图　　干粉灭火器结构图　　手提式二氧化碳灭火器结构图

7.3　灭火器通用要求

7.3.1　灭火器通用要求

（1）灭火器铭牌完好，铭牌上关于灭火剂、驱动气体的种类、充装压力、总质量、灭火级别、制造厂名、生产日期、维修日期标志及操作说明等内容齐全。

（2）灭火器的铅封、销闩等保险装置未损坏或遗失。

（3）灭火器筒体应无明显的损伤（磕伤、划伤）、缺陷、锈蚀（特别是筒底和焊缝）、泄漏。

（4）灭火器的驱动气体压力在工作范围内（储压式灭火器压力指示器应在绿色范围内）。

（5）灭火器的零部件应齐全，并且无松动、脱落或损伤现象。

（6）灭火器未开启或喷射过。

对应《标准》条款： 3.8.1.2。

喷口
不漏气、不堵塞，容易喷灭火源

压把
人体工程学设计，关键时刻不滑手

压力表
外置压力表，方便日常检查

铅封保险栓
让存放更安全，灭火器是一次性使用产品，打开后就必须使用

底部
底部光滑，不变形，绝非二次回收品

消防标识认证
中国消费信息网可查询，灭火器的"身份证"

7.3.2　灭火器数量

一个计算单元内配置的灭火器数量不应少于 2 具，不宜多于 5 具。

对应《标准》条款： 3.8.1.6。

7.4　推车式灭火器

　　推车式灭火器一般由两人配合操作，使用时两人一起将灭火器推或拉到燃烧处，在离燃烧物 10 m 左右停下，灭火方法和注意事项与手提式灭火器基本一致。

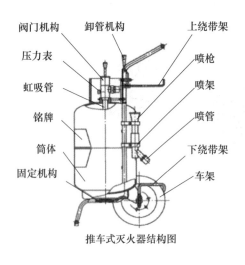

推车式灭火器结构图

7.5　灭火器的最低配置基准

A 类火灾场所灭火器的最低配置基准

危险等级	单具灭火器最小配置灭火级别	单位灭火级别（A）最大保护面积 /m²
严重危险级	3A	50
中危险级	2A	75
轻危险级	1A	100

B、C 类火灾场所灭火器的最低配置基准

危险等级	单具灭火器最小配置灭火级别	单位灭火级别（B）最大保护面积 /m²
严重危险级	89B	0.5
中危险级	55B	1.0
轻危险级	21B	1.5

　　D 类火灾场所的灭火器最低配置基准应根据金属的种类、物态及其特性等研究确定。

　　E 类火灾场所的灭火器最低配置基准不应低于该场所内 A 类（或 B 类）火灾的规定。

7.6　灭火器的类型、规格和灭火级别

7.6.1　手提式灭火器类型、规格和灭火级别

灭火器类型	灭火剂充装量（规格）		灭火器类型规格代码（型号）	灭火级别	
	容积 /L	质量 /kg		A 类	B 类
水型	3	—	MS/Q3	1A	—
			MS/T3		55B

续表

灭火器类型	灭火剂充装量（规格）		灭火器类型规格代码（型号）	灭火级别	
	容积 /L	质量 /kg		A 类	B 类
水型	6	—	MS/Q6	1A	—
			MS/T6		55B
	9	—	MS/Q9	2A	—
			MS/T9		89B
泡沫	3	—	MP3、MP/AR3	1A	55B
	4	—	MP4、MP/AR4	1A	55B
	6	—	MP6、MP/AR6	IA	55B
	9	—	MP9、MP/AR9	2A	89B
干粉（碳酸氢钠）	—	1	MF1	—	21B
	—	2	MF2	—	21B
	—	3	MF3	—	34B
	—	4	MF4	—	55B
	—	5	MF5	—	89B
	—	6	MF6	—	89B
	—	8	MF8	—	144B
	—	10	MF10	—	144B
干粉（磷酸铵盐）	—	1	MF/ABC1	1A	21B
	—	2	MF/ABC2	1A	21B
	—	3	MF/ABC3	2A	34B
	—	4	MF/ABC4	2A	55B
	—	5	MF/ABC5	3A	89B
	—	6	MF/ABC6	3A	89B

续表

灭火器类型	灭火剂充装量（规格）		灭火器类型规格代码（型号）	灭火级别	
	容积 /L	质量 /kg		A 类	B 类
干粉（磷酸铵盐）	—	8	MF/ABC8	4A	144B
	—	10	MF/ABC10	6A	144B
二氧化碳	—	2	MT2	—	21B
	—	3	MT3	—	21B
	—	5	MT5	—	34B
	—	7	MT7	—	55B

7.6.2　推车式灭火器类型、规格和灭火级别

灭火器类型	灭火剂充装量（规格）		灭火器类型规格代码（型号）	灭火级别	
	容积 /L	质量 /kg		A 类	B 类
水型	20		MST20	4A	—
	45		MST40	4A	—
	60		MST60	4A	—
	125		MST125	6A	—
泡沫	20		MPT20、MPT/AR20	4A	113B
	45		MPT40、MPT/AR40	4A	144B
	60		MPT60、MPT/AR60	4A	233B
	125		MPT125、MPT/AR125	6A	297B
干粉（碳酸氢钠）	—	20	MFT20	—	183B
	—	50	MFT50	—	297B
	—	100	MFT100	—	297B
	—	125	MFT125	—	297B

续表

灭火器类型	灭火剂充装量（规格）		灭火器类型规格代码（型号）	灭火级别	
	容积/L	质量/kg		A 类	B 类
干粉（磷酸铵盐）	—	20	MFT/ABC20	6A	183B
	—	50	MFT/ABC50	8A	297B
	—	100	MFT/ABC100	10A	297B
	—	125	MFT/ABC125	10A	297B
二氧化碳	—	10	MTT10	—	55B
	—	20	MTT20	—	70B
	—	30	MTT30	—	113B
	—	50	MTT50	—	183B

第 8 章

防火分隔设施

8.1　防火分隔设施种类

防火分隔设施主要包括防火门、防火窗、防火卷帘等。

(1)防火门　　　　　　　　　　(2)防火窗　　　　　　　　　　(3)防火卷帘

　　防火门、防火窗应具有自动关闭的功能，在关闭后应具有烟密闭的性能。宿舍的居室、老年人照料设施的老年人居室、旅馆建筑的客房开向公共内走廊或封闭式外走廊的疏散门，应在关闭后具有烟密闭的性能。宿舍的居室、旅馆建筑的客房的疏散门，应具有自动关闭的功能。

8.2　防火门

8.2.1　防火门的设置规定

　　（1）设置在建筑内经常有人通行处的防火门宜采用常开防火门。常开防火门应能在火灾时自行关闭，并应具有信号反馈的功能。

（2）除允许设置常开防火门的位置外，其他位置的防火门均应采用常闭防火门。常闭防火门应在其明显位置设置"保持防火门关闭"等提示标识。

（3）除管井检修门和住宅的户门外，防火门应具有自行关闭功能。双扇防火门应具有按顺序自行关闭的功能。

（4）除《建筑设计防火规范》（GB 50016—2014，2018 年版）第 6.4.11 条第 4 款的规定外，防火门应能在其内外两侧手动开启。

（5）设置在建筑变形缝附近时，防火门应设置在楼层较多的一侧，并应保证防火门开启时门扇不跨越变形缝。

（6）防火门关闭后应具有防烟性能。

（7）甲、乙、丙级防火门应符合现行国家标准《防火门》（GB 12955—2008）的规定。

（8）除特殊情况外，防火门应向疏散方向开启，防火门在关闭后应能从任何一侧手动开启。

8.2.2　防火门的耐火性能和代号

名称	耐火性能	代号
隔热防火门（A 类）	耐火隔热性 ≥ 0.50 h 耐火完整性 ≥ 0.50 h	A0.50（丙级）
	耐火隔热性 ≥ 1.00 h 耐火完整性 ≥ 1.00 h	A1.00（乙级）
	耐火隔热性 ≥ 1.50 h 耐火完整性 ≥ 1.50 h	A1.50（甲级）
	耐火隔热性 ≥ 2.00 h 耐火完整性 ≥ 2.00 h	A2.00
	耐火隔热性 ≥ 3.00 h 耐火完整性 ≥ 3.00 h	A3.00

续表

名称	耐火性能		代号
部分 隔热防火门 （B类）	耐火隔热性 ≥ 0.50 h	耐火完整性 ≥ 1.00 h	Bl.00
		耐火完整性 ≥ 1.50 h	Bl.50
		耐火完整性 ≥ 2.00 h	B2.00
		耐火完整性 ≥ 3.00 h	B3.00
非隔热防火门 （C类）	耐火完整性 ≥ 1.00 h		C1.00
	耐火完整性 ≥ 1.50 h		C1.50
	耐火完整性 ≥ 2.00 h		C2.00
	耐火完整性 ≥ 3.00 h		C3.00

8.2.3 闭门器和顺序器的安装

除管井检修门和住宅的户门外，常闭防火门应安装闭门器，并具有自行关闭功能；双扇和多扇防火门应安装顺序器，并具有按顺序自行关闭的功能；当装有信号反馈装置时，开启、关闭状态信号应反馈到消防控制室；正常情况下，常闭式防火门应该处于关闭状态。

对应《标准》条款：3.9.1.5。

8.2.4　常开防火门的安装要求

常开防火门，应安装火灾时能自动关闭门扇的控制、信号反馈装置和现场手动控制装置，并应能在火灾时自行关闭，且应具有信号反馈功能；其任意一侧的火灾探测器报警后、接到消防控制室手动发出的关闭指令后或接到现场手动发出的关闭指令后，应自动关闭，并应将关闭信号反馈至消防控制室。

对应《标准》条款：3.9.1.5。

 ## 8.3　防火卷帘

8.3.1　防火卷帘标识

防火卷帘应设置"禁止堆放杂物"等警示标识。
对应《标准》条款：3.9.2.2。

8.3.2　防火卷帘设置规定

8.3.2.1　用于防火分隔的防火卷帘应符合的规定

（1）应具有在火灾时不需要依靠电源等外部动力源而依靠自重自行关闭的功能。

（2）耐火性能不应低于防火分隔部位的耐火性能要求。

（3）应在关闭后具有烟密闭的性能。

（4）在同一防火分隔区域的界限处采用多樘防火卷帘分隔时，应具有同步降落封闭开口的功能。

8.3.2.2　防火分隔部位设置防火卷帘时应符合的规定

（1）除中庭外，当防火分隔部位的宽度不大于 30 m 时，防火卷帘的宽度不应大于 10 m；当防火分隔部位的宽度大于 30 m 时，防火卷帘的宽度不应大于该部位宽度的 1/3，且不应大于 20 m。

（2）防火卷帘应具有火灾时靠自重自动关闭功能。

（3）除《建筑设计防火规范》（GB 50016—2014，2018 年版）另

有规定外，防火卷帘的耐火极限不应低于该规范对所设置部位墙体的耐火极限要求。

当防火卷帘的耐火极限符合现行国家标准《门和卷帘的耐火试验方法》（GB/T 7633—2008）有关耐火完整性和耐火隔热性的判定条件时，可不设置自动喷水灭火系统保护。

当防火卷帘的耐火极限仅符合现行国家标准《门和卷帘的耐火试验方法》（GB/T 7633—2008）有关耐火完整性的判定条件时，应设置自动喷水灭火系统保护。自动喷水灭火系统的设计应符合现行国家标准《自动喷水灭火系统设计规范》（GB 50084—2017）的规定，但火灾延续时间不应小于该防火卷帘的耐火极限。

（4）防火卷帘应具有防烟性能，与楼板、梁、墙、柱之间的空隙应采用防火封堵材料封堵。

（5）需在火灾时自动降落的防火卷帘，应具有信号反馈的功能。

（6）其他要求，应符合现行国家标准《防火卷帘》（GB 14102—2005）的规定。

8.3.3　卷门机的安装要求

卷门机应安装牢固可靠；应设有手动拉链和手动速放装置，其安装位置应便于操作，并有明显标志；手动拉链和手动速放装置不应加锁，且应采用不燃或难燃材料制作。

对应《标准》条款：3.9.2.4。

8.3.4　防火卷帘的升降控制

防火卷帘的升降应由防火卷帘控制器控制，手动控制方式应由防火卷帘两侧设置的手动控制按钮控制。防火卷帘控制器和手动按钮盒应安装牢固可靠；应分别安装在防火卷帘内外两侧的墙壁上，当卷帘一侧为无人场所时，可以安装在一侧墙壁上；控制器和手动按钮盒应安装在便于识别的位置，且应标出上升、下降、停止等功能。

对应《标准》条款：3.9.2.4。

8.3.5　火灾探测器组安装要求

疏散通道上的防火卷帘两侧均应安装火灾探测器组，火灾探测器组一般应由感温、感烟两种不同类型的火灾探测器组成。

对应《标准》条款：3.9.2.4。